Sebastian Brüning

Die Wasserkrise im Nahen Osten

GRIN Verlag

Bibliografische Information der Deutschen Nationalbibliothek:

Die Deutsche Bibliothek verzeichnet diese Publikation in der Deutschen National-
bibliografie; detaillierte bibliografische Daten sind im Internet über http://dnb.d-
nb.de/ abrufbar.

Impressum:

Copyright © 2011 GRIN Verlag GmbH
Druck und Bindung: Books on Demand GmbH, Norderstedt Germany
ISBN: 978-3-640-82651-3

Dieses Buch bei GRIN:

http://www.grin.com/de/e-book/166405/die-wasserkrise-im-nahen-osten

2010/11

Die Wasserkrise im Nahen Osten

Sebastian Brüning

Gymnasium Saarburg

Kurzfassung

Durch die natürliche aride Klimabegebenheit herrscht im Nahen Osten eine ausgeprägte Wasserknappheit vor. Verstärkt durch stetige Wasserverschwendung entsteht die Wasserkrise, ein Zustand des akuten Wassermangels. Die Wasserverschwendung wird insbesondere durch veraltete Bewässerungstechniken im primären Sektor, aber auch durch nicht Instand gehaltene Wasserleitungen verursacht. Die betroffenen Staaten versuchen nun das Wasserdargebot zu erhöhen und alle möglichen Quellen auszunutzen. Hierbei treffen sie jedoch oft auf internationale Gewässer wie z.B. den Jordan, den gleich mehrere Nationen als natürliche Wasserquelle nutzen. Es tut sich die Wasserfrage auf, in der entschieden wird, welcher Nation wie viel Wasser zusteht, damit eine sog. „win-win Situation" entsteht.

Durch mangelnde Kommunikation und einer vorbelasteten Vergangenheit kommt es hierbei oft zu einem Konfliktpotential und Streitigkeiten um das Wasser.

Ein solcher Konflikt herrscht insbesondere zwischen den Staaten Jordanien, Israel und den Palästinensern. Durch den Sechs Tage Krieg 1967 konnte sich Israel große Gebiete und Wasserressourcen sichern, die den Nachbarländern nun fehlen. Israel nutzt diese hydrologischen Ressourcen vor allem für den primären Sektor, um in einigen Jahren von Nahrungsmittelimporten unabhängig zu sein. Die Folge ist ein gigantischer Wasserverbrauch. Israel versperrt den Palästinensern den Zutritt zu den Wasservorräten, um Sie zu unterdrücken und zu vertreiben. Jedoch währt die ewige Quelle nicht immer, schon heute sind viele Quellen völlig übernutzt und nicht mehr verfügbar.

National und international wird nach Lösungen und Versorgungssysteme gesucht, die nachhaltig arbeiten und auf lokalem Wissen und Ressourcen basieren.

Inhaltsverzeichnis

1. Einleitung

„Alle Menschen haben das gleiche Recht auf Trinkwasser, in einer Menge und Qualität, die ihren Bedürfnissen genügt. Bis zum Jahr 2000 werden alle Menschen Zugang zu sauberem Trinkwasser haben". [1]

Mit diesen Worten beendeten die Vereinten Nationen im Jahr 1977 die erste Wasserkonferenz in Mar del Plata. 1981 wurde dieses Ziel noch weiter ausformuliert. Demnach sollten zusätzlich bis zum Jahre 2000, laut der WHO, alle Menschen Zugang zu sanitären Einrichtungen haben.[2]

Diese Ziele wurden jedoch bis heute bei weitem nicht erreicht. schätzungsweise über eine Milliarde Menschen haben keinen Zugang zu sauberem Trinkwasser, eine noch größere Zahl hat keinen Zugang zu sanitären Einrichtungen. Bleiben die Aktionen weiterhin so aussichtslos steigen diese Zahlen bis 2025, laut UN Schätzungen, auf rund 2,5 Milliarden[2]. Das wären rund 40% der Weltbevölkerung. Parallel dazu steigt die Sterberate infolge von durch schmutziges Wasser übertragenen Infektionen. Die meisten Opfer davon sind Kinder unter fünf Jahren.

Der Weltwasserentwicklungsbericht[3] vergleicht die Zahl der Todesopfer von Kindern mit 20 Jumbojets, die jeden Tag abstürzen, ohne Überlebende zu hinterlassen. Dieser drastische Vergleich zeigt den Ernst der Wasserkrise.

1984 untersuchte eine Studie der amerikanischen Universität in Michigan die Bewässerungstechniken des Nahen Ostens sowie die Wasserpolitik und die Verteilung dieser Ressourcen.[4] Aufgrund des katastrophalen und verschwenderischen Umgangs mit dem „Blauen Gold" kam man zu dem Schluss: *„Es ist eine menschengemachte Krise, die mit natürlichen Ursachen nichts zu tun hat"* [4]

In vielen Regionen der Erde fühlen sich die Menschen von ihrer Regierung im Stich gelassen und kämpfen ums Überleben. Ein neuerliches Scheitern solcher politischen Ziele, wie die obigen, wäre ein starker Rückschlag für die Glaubwürdigkeit der Staaten sowie für die Bekämpfung der Not und der Armut.

---

[1] UN 1977, entnommen aus MISEREOR, Die globale Wasserkrise, 2007
[2] MISEREOR, Die globale Wasserkrise, 2007
[3] Weltwasserentwicklungsbericht 2003, UNESCO
[4] Peter Barth, Krieg um Wasser?. Wasserkonflikte im Nahen und Mittleren Osten, 1994

Durch das fehlende Vertrauen und das Gefühl „für sich alleine sorgen zu müssen"[5] entsteht das eigentliche Konfliktpotential, das die Wasserkrise mit sich bringt. Die Schwierigkeiten der Verteilung der verbleibenden Wasserressourcen unter Staaten, Völkern, Stämmen und Nachbarn katalysiert die Krise und ihr mögliches Gewaltpotential.

Historisch gesehen wurde bisher noch nie ein Krieg rein aus hydrologischen Motiven geführt, doch diese Aussagen bestreiten mittlerweile mehrere Experten.

Die folgende Facharbeit beschäftigt sich mit den Ursachen, möglichen Lösungen sowie Prognosen der Wasserkrise. Ebenso werden die Wasserpolitik und -konflikte in Jordanien, Israel und in Palästina kritisch verglichen. Zusätzlich untersucht diese Facharbeit die Frage, ob es in Zukunft zu einem gewaltsamen Ausbruch zur Verteidigung der Wasserressourcen kommen wird, bzw. ob das Wasser im Nahen Osten die Position des Friedensstifters oder des Kriegsentfachers einnimmt.

2. Die Wasserkrise

Die Wasserkrise bezeichnet einen langwierigen bis hin zu akuten Zustand des Wassermangels. Diese Situation herrscht vor allen in ariden und semi ariden Gebieten der Welt vor. Die natürlichen Faktoren der Wasserknappheit werden zusätzlich noch durch Wasserverschwendung und ungeschickte Landnutzung verstärkt. Ein besonders kritischer Fall herrscht vor, wenn Wassermangel auf extremes Bevölkerungswachstum trifft. In den folgenden Kapiteln werden die Ursachen, Brenn- und Konfliktpunkte und mögliche Lösungen der Wasserkrise erörtert.

2.1 Ursachen

Auslöser der Wasserkrise sind eine nicht ausreichende Wasserversorgung für die betreffende Bevölkerung und eine problematische Wasserpolitik seitens der zuständigen Regierungen. Die fehlende Kommunikation der Konfliktpartner, betreffend die Aufteilung der Wasserressourcen, verschlechtert die Lage noch zusätzlich.

---

[5] Klaus Polkehn, Krieg um Wasser?, 1992

2.1.1 Wasserknappheit

Im Nahen Osten haben etwa 85 Millionen Menschen keinen Zugang zu sauberem Wasser[6].
Unter „keinem Zugang" versteht man eine Wasserquelle, die in mehr als 1 Kilometer
Entfernung liegt, so dass über 30 Minuten Hin- und Rückweg zu Fuß benötigt werden (siehe
Material 4.1 (Anhang)). Die verfügbare Wassermenge in solchen Gebieten liegt pro Kopf und
Tag bei 5 Litern, meist jedoch weniger. Dadurch kann eine ausreichende Wasserversorgung,
eine gesunde Hygiene sowie eine allgemeine Grundversorgung nicht gewährleitet werden.
Aufgrund des akuten Mangels bedient sich die Bevölkerung an schmutzigem Wasser,
welches schwerwiegende Krankheiten mit sich bringt. So sind 80 Prozent aller Krankheiten
in Entwicklungsländer auf schmutziges Wasser zurückzuführen (u. a. Diarrhöe, Malaria,
Typhus)[7].

Der tatsächliche Wassermangel wird v. a. durch folgende Faktoren verursacht:

- Arides Klima in der geographischen Umgebung
- Desertifikation
- Bevölkerungswachstum und der damit steigende Wasserverbrauch
- Verschmutzung, Verschwendung der verbleibenden Wasserressourcen
- Erhöhung des Wasserbedarfs für den primären und sekundären Sektor

2.1.2 „Watermismanagement"[8]

Aufgrund der fehlenden Geldmittel von Entwicklungsländern kann der Staat meist nicht die
benötigte Infrastruktur für die Wasserleitungen bereitstellen. Viele Siedlungen sind nicht an
das Wassernetz angeschlossen, falls ein solches überhaupt vorhanden ist, und damit auf sich
alleine gestellt.
In solchen Fällen fehlt es vor allem an Pumpen und an Wasserreservoiren, die eine
allgemeine Wasserknappheit verhindern könnten (siehe 2.5).

---

[6] Stand 2008, World Health Organization
[7] MISEREOR, Die globale Wasserkrise, 2007
[8] Begriff aus: Chadi Bahout, Der Konflikt um Wasser in Israel und Palästina, 2010

Ein weiterer Punkt ist die problematische Verteilung von hydrologischen Ressourcen zwischen dem primären und sekundären Sektor sowie der Bevölkerung. Da z. B. die Landwirtschaft einen Großteil des Wassers für die Bewässerung der Felder verbraucht, bleibt in speziellen Fällen die Bevölkerung auf der Strecke. [9]

Weil außerdem in den meisten Entwicklungsländern die Nachfrage nach Wasser das Angebot bei weitem übersteigt, ist eine ökologisch nachhaltige Entnahme von Wasser besonders wichtig[10]. Durch den ständigen Verbrauch werden z. B. Grundwasserreserven extrem übernutzt, sodass der Grundwasserspiegel absinkt. Im Extremfall kann es passieren, dass diese Reservoirs wegen Übernutzung austrocknen, was die Lage vor Ort weiter verschlechtert.

2.1.3 Mangelnde Kommunikation

Wasserreservoirs befinden sich sehr häufig in internationalen Gebieten/Gewässern, wodurch es ständig zu Spannungen zwischen benachbarten Staaten und Stämmen kommt. Deshalb sind vor allem erfolgsorientierte Verhandlungen und eine ausreichende Kommunikation zwischen den Konfliktpartnern nötig, die jedoch oft mangelhaft erscheint[11]. Verschiedene Religionen, Sprachen und Kulturen sowie ein historischer Hintergrund verschlechtern die Situation zusätzlich.

In der Grafik (siehe Mat. 4.2) kann man den allgemeinen Ablauf eines akuten Wassermangels mit einem friedlichen oder gewaltbereiten Ende erkennen.

In der Grafik geht man von 2 Modellen aus:

Zum einen Wassermangel durch geographische und klimatische Ursachen (siehe 2.1.1), zum anderen Wassermangel aufgrund einer unzulänglichen Wasserpolitik (s. 2.1.2). Verbessert man das Wassermanagement und/oder erschließt man neue Quellen, um den Wassermangel zu verhindern, kommt man zu einer friedlichen Lösung. Gelingt dies nicht, entsteht ein Gewaltpotential.

---

[9] Klaus Polkehn, Krieg um Wasser? 1992
[10] Henning Thobaben, Der Wasserkonflikt im Jordanbecken, 2007
[11] Klaus Polkehn, Krieg um Wasser?, 1992

2.2 Brennpunkte der Wasserkrise

Anhand der Grafik Mat. 4.3 erkennt man, dass sich die Wasserkrise mittlerweile über alle Kontinente ausgebreitet hat. In vielen Regionen der Erde steigt die Desertifikation an und bedroht damit große Gebiete mit Wasserknappheit. Vor allem der Nahe Osten, Nordafrika und Australien sind betroffen, dort breiten sich die Wüsten am schnellsten aus.

Auf der Karte sind besondere Krisenherde mit Zahlen nummeriert, wie z. B. Nummer 6 und 7, also das Jordanbecken (siehe 2.2.1 und 2.2.2) sowie der Euphrat und Tigris. Gerade in den Staaten Palästinas ist sehr deutlich zu erkennen, wie sehr die Wasserkrise durch ungelöste politische Probleme und religiöse Konflikte noch verschärft wird. Diese Zusammenhänge sollen in den folgenden Kapiteln näher erläutert werden.

2.2.1 Jordanien

Jordaniens Hauptwasserquellen stellen der Jordan, der Yarmuk, mehrere Grundwasserreservoirs sowie der 26 Kilometer lange Küstenstrich am Roten Meer dar. In diesen Regionen wird Wasser vor allem durch Meerwasserentsalzungsanlagen gewonnen, die jedoch enorm energieverbrauchend sind. Geeignet wären deshalb vor allem stromsparende nuklear betriebene Einrichtungen. Allerdings weigern sich westliche Länder, radioaktives Material in Regionen zu senden, die politisch instabil sind. Jordaniens Wasserhaushalt ist stark abhängig von den Niederschlagsmengen, die jedoch durch Variabilität gekennzeichnet sind. 80% des jordanischen Staates ist von Wüste bedeckt, was bedeutet, dass ein Großteil des Niederschlags direkt wieder verdunstet. Aufgrund des niedrigen Angebots an nachhaltigen Wasserressourcen übersteigt die Nachfrage der Bevölkerung und der Wirtschaft dieses deutlich.

Etwa 5,5 Millionen Jordanier verfügen über 800 Millionen m^3 Wasser, was einem jährlichen Pro-Kopf-Dargebot von 142 m^3 Wasser entspricht[12]. Damit ist Jordanien unter die Länder einzustufen, die an Wassermangel leiden.

Zusätzlich verschlimmert sich die Lage im Staat noch erheblich, da der Rohstoff Wasser kaum ökologisch nachhaltig genutzt wird. Aufgrund der erhöhten Nachfrage seitens der

---

[12] Meike Janosch, Wasser im Nahen Osten und Nordafrika: Wege aus der Krise, 2008

Wirtschaft beträgt die Entnahmerate von Wasser ungefähr 160%.[15] Das bedeutet, dass mehr Wasser abgepumpt wird als nachfließen kann. Ausgebeutet werden hierbei vor allem die Grundwasserreserven.

Ein Großteil dieses Wassers wird von der Landwirtschaft Jordaniens für die Bewässerung genutzt, deren Verbrauch sich seit 1957 mehr als verdoppelt hat.[15] Dabei ist es bemerkenswert wie viel Wasser für einen Sektor verbraucht wird, der nur 3% zum Bruttoinlandsprodukt beiträgt.[13]

Die wasserwirtschaftliche Situation in Jordanien ist neben der in Palästina die kritischste in der Region. Aufgrund des extremen Verbrauchs des primären Sektors und des hohen Bevölkerungswachstums verschlimmert sich die Lage dramatisch.

Ein klarer Fall von Watermismanagement liegt beim staatlichen Wasserleitungsnetz vor: Aufgrund von technischen Defekten bei den Leitungen entsteht ein Wasserverlust von 40%[14], der Anschlussgrad im städtischen Bereich liegt bei 89%, im ländlichen Bereich gerade bei 20%.[18]

Ein erhöhtes Konfliktpotential besteht hierbei vor allem bei der ungerechten Wasserverteilung zwischen Land und Stadt. Dörfer, die nicht an das Leitungsnetz angeschlossen sind, müssen entweder selbst für sich sorgen, indem sie selbst Brunnen bauen bzw. instandhalten, oder Ihr Wasser teuer von Tankwagen kaufen.

2.2.2 Israel

Die Hauptquellen der israelischen Wasserversorgung sind zum einen das Jordanbecken mitsamt dem Tiberias-See, zum anderen die Golan-Höhen im besetzen Westjordanland sowie das Grundwasservorkommen an der Mittelmeerküste. [15]

Nach der Autorin Meike Janosch stellt Israel aufgrund der enormen Wasservorräte der Bevölkerung 464 m^3 Wasser pro Kopf und Jahr zu Verfügung.[16] Jedoch muss hierbei eindeutig zwischen der Religionszugehörigkeit der Bevölkerung und zwischen den geographischen Arealen unterschieden werden. So werden die Palästinenser hinsichtlich der Wasservergabe sehr stark diskriminiert und benachteiligt (siehe 2.2.3). Die Zahlen über die Wasserressourcen schwanken in der Literatur sowie in den offiziellen Daten der israelischen

---

[13] Stand 1993, Thobaben, Der Wasserkonflikt im Jordanbecken, 2007
[14] Dr. Diana Hummel, Wasser – Menschenrecht, Handelsware, Konfliktstoff, 2004
[15] Thobaben, Der Wasserkonflikt im Jordanbecken, 2007
[16] Meike Janosch, Wasser im Nahen Osten und Nordafrika: Wege aus der Krise, 2008

Wasserbehörde (Mekorot) erheblich. Trotz der vielen hydrologischen Ressourcen beträgt die Nutzungsrate von Wasser in Israel 110% [15]. Hiermit gehört auch Israel zu den Staaten, die die Grundwasservorkommen überlasten und somit nicht ökologisch nachhaltig arbeiten. Der hohe Wasserverbrauch ist vor allem durch die Landwirtschaft und die Bevölkerungsentwicklung bedingt. Laut der Israel-Korrespondentin Maike Janosch hatte Israel im Jahre 2000 ca. 6 Millionen Einwohner, 2025 sollen es 7,9 – 9,0 Millionen sein.[16]

Die Landwirtschaft verbraucht einen Anteil von 54% der erneuerbaren Wasserressourcen. Gründe hierfür sind zum einen die verschwenderischen Bewässerungstechnologien, zum anderen baut die israelische Landwirtschaft wasserraubende Pflanzen wie z.B. Tomaten und sogar Wassermelonen an.[17]

Da die israelische Regierung versucht durch Ausbau der Obst- und Gemüseplantagen von Nahrungsmittelimporten unabhängig zu werden wird der Prozentsatz der Landwirtschaft am Wasserverbrauch über die nächsten Jahre stark steigen [18].

Ein klarer Fall von Watermismanagement ist die überdimensionale Subventionierung von Wasser für den primären Sektor, mittlerweile wird das Wasser billiger vergeben als seine Bereitstellung gekostet hat. Es entsteht ein finanzielles Defizit für den Staatshaushalt. Gleichzeitig wird aufgrund des niedrigen Preises nahezu verschwenderisch mit der Ressource umgegangen, und es werden veraltete sowie ineffiziente Bewässerungstechniken benutzt.

Ein Brennpunkt ist, dass Israel über ein dreifach größeres Pro-Kopf-Dargebot verfügt als Jordanien, obwohl beide Staaten noch 1965 dieselben Wasserquellen benutzten. Diese Situation änderte sich jedoch infolge des Sechs-Tage-Krieges: 1967 griff der Staat Israel seine arabischen Nachbarn Jordanien, Ägypten und Syrien aus mehreren Gründen an, ein Hauptfaktor war damals ein Dammbau-Projekt Syriens. Mithilfe eines Dammes sollte der Yarmuk, seinerzeit wichtigster Zufluss zum Jordan, aufgestaut werden - eine Antwort auf jahrelange politische Spannungen mit Israel. Ein solches Projekt hätte ein Defizit von 12% des israelischen Wasserhaushalts verursacht. Der Damm wurde schon während der Bauphase mehrfach von den Israelis bombardiert.[18] Mit diesem Manöver begann der eigentliche Sechs-Tage-Krieg. Unter Experten ist stark umstritten, ob es hauptsächlich wegen des Dammbaus und damit zum Schutze der Wasserressourcen zum Kriegsausbruch kam. Israel gewann den Krieg und besetzte die Golan-Höhen, das Westjordanland, Ost-Jerusalem,

---

[17] Arte, Blut für Wasser 2008
[18] Peter Barth, Krieg um Wasser?. Wasserkonflikte im Nahen und Mittleren Osten, 1994

weitere Teile des Jordanbeckens sowie wichtige Zuflüsse vom Jordan[19]. Dadurch sicherte sich der Staat Israel große Teile der Wasserressourcen des Nahen Ostens und eine starke Kontrolle über die Anrainer des Jordans denn: *„Insgesamt bedeutet dies, dass die Anrainer am Oberlauf des Flusses [Israel] durch eine Regulierung des Wasserstandes agieren können, während die Anrainer am Unterlauf auf Aktionen reagieren müssen. "* (Prof. Peter Barth)[23]

Dieser Faktor ist der eigentliche Kern der Wasserkrise im Nahen Osten.

In den letzten Jahrzehnten erlebte Israel einen wirtschaftlichen Aufschwung. Dieser war jedoch nur dank der Wasserressourcen der besetzen Gebiete möglich. Heute bezieht Israel mindestens 40% des staatlichen Wasserverbrauchs aus besetzen Gebieten[20] wie z.B. den grundwasserreichen Golan–Höhen. Vor 1967 noch zu Syrien gehörend, pumpen mittlerweile von Israel finanzierte Tiefbrunnen das Grundwasser ab und stellen es israelischen Bauern subventioniert zur Verfügung. Derweil sinkt der Grundwasserspiegel dramatisch ab, was erhebliche ökologische Konsequenzen mit sich bringt. Während der Grundwasserspiegel stetig abnimmt, fließt durch Übernutzung Salzwasser in die Quellen und macht diese unbrauchbar.[21]

Diese unverantwortliche Vorgehensweise ruft nicht nur nationale, sondern auch internationale Kritik hervor. So wird Israel von Syrien vorgeworfen, 80% des Grundwassers, das westlich der Golanhöhen-Besatzungszone und damit auf syrischem Territorium liegt, ebenfalls abzupumpen, ohne einen Preis dafür zu zahlen. Auch Jordanien und der Libanon zeigen sich empört über Israels gnadenlose Wasserpolitik. So wird Israel angeklagt, viel mehr Wasser aus dem Jordan und dessen Zuflüssen zu entnehmen als dem sogenannten „Johnston Plan" genehmigt wurde.[22]

Dieser wurde nach dem Sechs-Tage-Krieg wurde von den USA vorgeschlagen. Er sollte die Wasserentnahme aus dem Jordan fair und der Bevölkerung der Staaten angepasst regeln.[20]

In Material 4.5 erkennt man die Verteilung des Wassers an die Anrainerstaaten. Demnach stehen Israel 400, Jordanien 720, Syrien 132 und dem Libanon 35 Mio. Kubikmeter/Jahr Wasser zu. Von Israels 400 Millionen Kubikmetern sollen 375 direkt aus dem Jordan entnommen werden, in Wirklichkeit sind es jedoch mittlerweile über eine halbe Milliarde Kubikmeter pro Jahr, die über den sog. „National Water Carrier" vom Jordan in den

---

[19] http://de.wikipedia.org/wiki/Sechstagekrieg , 26.01.11
[20] Peter Barth, Krieg um Wasser?. Wasserkonflikte im Nahen und Mittleren Osten, 1994
[21] Arte, Blut für Wasser 2008
[22] Peter Barth, Krieg um Wasser?. Wasserkonflikte im Nahen und Mittleren Osten, 1994

israelischen Tiberias-See gepumpt werden. Dabei hat kein Land das Recht, Wasser aus einem internationalen Flusssystem in ein nationales Wasserbecken umzuleiten.

1964 beging Syrien solch ein Verbrechen und erstellte damit ein weiteres Motiv für den Kriegsausbruch drei Jahre später.[23]

Ein weiterer Problempunkt ist die katastrophale Wasserpolitik Israels. Allgemein gesehen ist kein landesübergreifendes Wassermanagement vorhanden, im staatlichen Territorium wird die Wasserpolitik von Bezirk zu Bezirk anders geregelt. So wird die Negev Wüste im Norden mit Wasser im Überfluss versorgt. Da sich in diesem Bereich die größten Plantagen des primären Sektors befinden, werden diese über die Kineret-Negev-Wasserleitung[24] direkt versorgt. Im Süden des Landes begrenzt sich eine ausreichende Wasserversorgung auf das Zentrum größerer Städte. Ländliche und abgelegene Dörfer und Siedlungen erhalten bezüglich der Wasserverteilung keine Beachtung bzw. Förderung.

2.2.2.1 Die besondere Problematik der Palästinenser

Die Region Palästina liegt an der südöstlichen Küste des Mittelmeeres und umfasst Israel, die Golan-Höhen, den Gazastreifen, das Westjordanland und Jordanien.[25] Seit dem Palästinakrieg 1947 und dem Sechs-Tage-Krieg 1967 gehört ein Großteil der Region, welche stetig nach Autonomie strebt, zu Israel. Die Israelis besetzten das Westjordanland sowie andere Gebiete und stellten es unter israelische Militärverwaltung. Sämtliche Wasservorräte der palästinensischen Region wurden als strategische Ressourcen erklärt und ebenfalls unter militärische Aufsicht gestellt, alle Informationen über Wasser wurden als „geheim" deklariert.[26] Israel sicherte sich die vollständige Kontrolle über das Wasser zugunsten Ihrer Bevölkerung und förderte jüdische Siedler die nach Palästina übersiedelten. Während jüdischen Bauern subventioniert Wasser zur Verfügung gestellt wird, sorgte die israelische Regierung mit einem Maßnahme-Katalog 1967 dafür, dass die Palästinenser ihre Wasserversorgung nicht ausdehnen können. Durch diese Sondergesetze hat der Staat eine lückenlose Verfügungsgewalt über sämtliche Untergrund- und Flussgewässer.[27]

---

[23] http://de.wikipedia.org/wiki/Sechstagekrieg , 26.01.11
[24] http://www.artikel32.com/geographie/1/das-wasserversorgungsnetzwerk-in-israel.php (02.02.11)
[25] http://de.wikipedia.org/wiki/Palästina_(Region) (30.01.11)
[26] Peter Barth, Krieg um Wasser?. Wasserkonflikte im Nahen und Mittleren Osten, 1994

- Palästinensische Bauern dürfen nur mit Genehmigung des Militärs Brunnen bohren bzw. Auffangbecken errichten und betreiben, diese wird in der Regel jedoch nicht erteilt.[27]
- Jüdisch-israelische Siedlungen und die israelische Wasserbehörde haben der Westbank (Westjordanland) mit Ihren Tiefbrunnen das Wasser entzogen.
- Der Yarmuk, einer der größten Flüsse in Palästina, gehört zu den bestgesicherten Flüssen auf der Erde, er wird vom israelischen Militär streng bewacht.[27]

Mit solchen Methoden hat Israel bewirkt, das Araber in besetzen Gebieten nur ein Fünftel ihrer eigenen Wasservorkommen benutzen dürfen, jüdische Siedler und Bauern vier Fünftel.[27] Jeder Israeli verbraucht vier Mal so viel wie ein Palästinenser. Während sich israelische Juden Rasenflächen, Blumenbeete und Schwimmbecken leisten, müssen Palästinenser das Wasser rationieren und teuer von Tankwagen kaufen.

Dies macht eine wirtschaftliche Bewässerung von fruchtbaren Ackerland unmöglich und zwingt viele Palästinenser zum umsiedeln.

In den letzten Jahren wurden durch drei Wasserprojekte (Hula-Projekt, Lakish-Projekt, Nord Negev-Projekt), im Rahmen des israelischen Bewässerungsprogramms, die „[...vollständige Vertreibung der Palästinenser erreicht [...]"[28]. Bei diesen Wasserprojekten handelt es sich um kilometerlange Wasserleitungen die quer durch Israel das kostbare Nass zu den Plantagen transportieren. So bewässert die Nord-Negev-Wasserleitung 60% aller Felder in Israel und ist 2200 Meter lang.[24]

Diese „Wasserverteilungsdiskriminierung" ist ein gewichtiger Grund für die Intifada.[29] So sagt auch Fadal Kavash, Organisationsleiter der palästinensischen Wasserbehörde, dass „der Volkszorn überkochen wird, falls die israelische Wasserbehörde keinen Kompromiss schließen wird[...]" sowie „Falls wir Palästinenser kein Wasser mehr haben, dann werden wir auch dafür sorgen das die israelischen Siedler kein Wasser mehr kriegen"[30]. Dieses Zitat verdeutlicht den kritischen Punkt an dem das israelisch-palästinische Verhältnis angelangt ist. 40% entnimmt der israelische Wasserhaushalt aus besetzten Gebieten, „Längst säße das Land das die Wüste zum Blühen bringen will, auf dem Trockenen, hätte es sich nicht im

---

[27] Arte, Blut für Wasser 2008
[28] Peter Barth, Krieg um Wasser?. Wasserkonflikte im Nahen und Mittleren Osten, 1994
[29] Begriff aus Peter Barth, Krieg um Wasser? Wasserkonflikte im Nahen und Mittleren Osten, 1994, Bedeutung: Aufstand der Palästinenser in besetzten Gebieten.
[30] Arte, Blut für Wasser 2008

Verlauf der Nahostkriege in den Besitz der wasserreichsten Quellen und Flüsse der Region gebracht. "[29]

2.3 Wasser – Kriegsentfacher oder Friedensstifter?

Ob es bis zum heutigen Zeitpunkt schon einen gewalttätigen Konflikt um Wasser gegeben hat, ist in der Literatur sowie in der Nachrichtenwelt sehr umstritten. Dies liegt daran, dass ein Krieg meist nicht aus nur einem Grund geführt wird, sondern aus einer Reihe von Gründen ausgelöst wird.

Die Frage, die ich in diesem Punkt untersuchen will, ist ob Wasser, im Falle eines akuten Mangels die Rolle eines Kriegsentfachers oder Friedensstifters zwischen Staaten einnimmt.

2001 hat die Oregon State University eine Studie über 1.831 Konflikte zwischen Nationen um die Ressource Wasser durchgeführt, davon endeten 1200 friedlich auf Basis einer Kooperation und ca. 500 gewalttätig.[31] Ebenso gab es von 805 bis 1984 mehr als 3000 wasserrelevante Verträge die von Anrainern internationaler Gewässer unterzeichnet wurden. Auch in den letzten Jahren überwogen friedliche Kooperationen in Konfliktsituationen deutlich.[32] Diese Zahl spezifiziert jedoch nicht, in welchen geographischen Arealen Verträge abgeschlossen wurden und in welchen nicht. Dr. Peter H. Gleick (Pacific Institute for Studies in Development, Environment, and Security in Oakland, California) bezeichnet Israel und seine Nachbarn mit folgender Aussage als besondere Konfliktherde der Wasserkrise in den letzten Jahren:

"Since 1948, the historical record documents [...] 37 incidents of acute conflicts [...] over water (30 of these events were between Israel and one or another of its neighbors, the last of which occurred in 1970) [...]"[33]

Dieses Zitat verdeutlicht die Häufigkeit von Konflikten im Großraum Palästina, dies kann man auch in Material 4.5 erkennen. Da vor allem in Staaten wie Israel ein hohes Bevölkerungswachstum auf akuten Wassermangel trifft, wird der Wasserverbrauch weiter verstärkt. Insbesondere in Gebieten mit einer vorhandenen Krise, wie z.B. Religionsapartheid, oder einem schwierigem historischen Hintergrund wie in Palästina, wirkt die Wasserknappheit wie ein Katalysator für weitere Konflikte. So sagt auch der Präsident

---

[31] MISEREOR, Die globale Wasserkrise, 2007
[32] Chadi Bahout, Der Konflikt um Wasser in Israel und Palästina, 2010
[33] Atlas of International Freshwater Agreements, Meredith A. Giordano, Aaron T. Wolf, 2002

des Internationalen Grünen Kreuzes Mikhail Gorbachev: *„The potential for a conflict over water is perhaps at ist most serious in Palestina where water supplies are extremely limited [and] political tensions traditionally high."*[34] Dieser Fakt ist auch den jeweiligen Regierungen der an Israel grenzenden Staaten bekannt.

So sagte 1979 der ägyptische Präsident Anwar As-Sadat nach dem Sechs-Tage-Krieg, dass sein Land nie wieder Krieg führen würde, es sei denn zum Schutz seiner Wasserressourcen[35]. Ebenso versprach 1999 der damalige jordanische König Hussein II., dass nur die Wasserfrage künftig einen militärischen Konflikt seines Landes mit Israel heraufbeschwören könne. Dabei ist es wahrscheinlicher, dass ein bewaffneter Konflikt um Wasser auf substaatlicher anstatt auf staatlicher Ebene geführt wird.[36] Aufgrund internationaler Verflechtungen wie z.B. internationale Handelsverträge, herrscht zwischen Staaten eine größere Zurückhaltung und die Bereitschaft eine friedliche Lösung zu finden. Findet sich in bestimmten Nationen jedoch keine Lösung bzw. verschlimmert sich die Wasserknappheit noch weiter, kann der Fall eintreten, dass substaatliche Konflikte auf eine staatliche Ebene übergehen.

Allgemein gesehen bietet die Wasserkrise jedoch auch eine Quelle des Friedens, auch wenn dies nahezu paradox klingt. So ist es möglich, dass die Not des Wassermangels den eigenen Staat eventuell genauso plagt wie die Nachbarländer. Bekanntermaßen, vereinigt Not auch Feinde und so kann die Wasserkrise ein völlig neuer Startpunkt für eine friedvolle internationale Basis der Kooperation sein. So sagt auch ein Bericht des UN Entwicklungsprogramm: *„Water is a potential source of conflict but can as well be seen as an effective means for dialogues to build trust and confidence between countries. "*[37]. Ebenso bietet Israels Präsident Shiman Peres in einem Interview auch seinen Nachbarländern Israels Wissen über die Bewässerung an: *„Denn können wir als eine Insel des Wohlstands in einem Meer von Hunger und Not existieren? Ich glaube nicht. "*[38].

Nach meiner persönlichen Meinung werden sich in Zukunft selbst die untereinander verhassten Staaten Israel, Jordanien, Syrien, Libanon sowie eine Delegation der Palästinenser zusammenfinden und nach einer möglichst profitablen Verteilung des knappen Jordanwassers (und Wasser anderer Quellen) forschen müssen, um das Überleben jeder

---

[34] Ein Wasserregime im Nahen Osten: Rechtliche und politische Grundlagen und Perspektiven der internationalen Wasserverteilung im Jordanbecken, Susanne Giannios, 2004
[35] abgeändert nach Meike Janosch, Wasser im Nahen Osten und Nordafrika, 2008
[36] Chadi Bahout, Der Konflikt um Wasser in Israel und Palästina, 2010
[37] United Nations Development Programme (Hrsg.), Water for a Sustainable Development (ohne Jahresangabe)
[38] Stern Magazin, 27.01.11 „Bei Tisch herrscht Frieden"

Nation zu sichern. Die Frage ist nur, wann dies passieren wird und unter welchen Umständen.

2.4 Lösungsansätze und mögliche Verbesserungen

Um die Wasserkrise und den Wassermangel zu vermindern muss zuerst die Wasservergeudung gestoppt werden. Der größte Wasserverschwender in Entwicklungsländern ist der primäre Sektor. Dort werden häufig Sprinkleranlagen benutzt die jedoch eine hohe Ineffizienz aufweisen. Das Wasser wird in die Luft geschleudert, tropft über die Blätter auf den Boden und gelangt so zu den Wurzeln. Aufgrund der hohen Lufttemperaturen verdunstet jedoch 40% des Wassers sofort.[39] Solch eine Verschwendung würde eine Tröpfchenbewässerung vermeiden. Hierbei werden Kunststoffschläuche direkt an das Wurzelwerk gelegt über die in bestimmten Zeitabständen Wassertropfen an die Pflanze abgegeben werden. Diese Methode ist sparsamer (40 – 60% Wassereinsparung[38]), effizienter jedoch teurer.

Zusätzlich muss durch die Einführung realistischer Preise die Subventionierung von Wasser für Bauern eingeschränkt werden. Hiermit wird die Verantwortung mit dem Wasser nachhaltig zu arbeiten, von der staatlichen zur substaatlichen Ebene übertragen.

Ebenfalls profitabler für den staatlichen Wasserhaushalt wäre es, dem primären Sektor kein reines Trinkwasser zuzuteilen, sondern nur grob aufbereitetes Brackwasser bzw. Abwasser.[40] Dieses reicht für eine herkömmliche Bewässerung vollständig aus und sichert weitere hydrologische Ressourcen für die Bevölkerung.

Neben der optimalen Nutzung des vorhandenen Wasserpotentials muss auch eine Verbesserung der Wassergewinnung erreicht werden. Dies kann durch verschiedene Möglichkeiten erfolgen, wobei man zwischen konventionellen und unkonventionellen Methoden unterscheidet.

---

[39] Thobaben, Der Wasserkonflikt im Jordanbecken, 2007
[40] Arte, Blut für Wasser 2008

2.4.1 Konventionelle Methoden

- Tiefbrunnen: Erfordert einen hohen technischen Aufwand um tief gelegene ungenutzte Wasserschichten anzuzapfen → Absenkung des Grundwasserspiegels
- Regenwassernutzung: Auffangen des Regens durch z.B. Zisternen → Speicherung des Wassers für trockene Monate[41]
- Flutwasserspeicherung/Staudämme: Mit vielen Schwierigkeiten verbunden (Ökologische Folgen wie z.B. Erdrutsche, Verlust des Sauerstoffgehalts im Wasser). Da Flüsse oft zu internationalen Gewässern gehören sind staatliche Vereinbarungen untereinander notwendig
- Fernwasserleitungen: Wasser wird über Pipelines von Quellen in ein bestimmtes Gebiet transportiert, auch transnational. Beispiel: „National Water Carrier" (siehe 2.2.2.1) → hohe Kosten und immenser technischer Aufwand

2.4.2 Nichtkonventionelle Methoden

- Brack- und Meerwasserentsalzung: Hoher Energieverbrauch und technischer Aufwand, meist nur mit ausländischer Technologie. Für die Region an der Mittelmeerküste jedoch trotzdem profitabel
- Wolkenbeimpfung (cloud seeding): Gefrorenes Kohlendioxid und Silberjodid werden aus dem Flugzeug über Wolken abgelassen und bewirken das diese ausregnen → kaum großräumig durchführbar, Bereitstellung von CO_2 und AgI in großen Mengen ist mit hohen Kosten verbunden[42]
- Wasserexport: Staaten mit Wasserüberschuss (Europa) transportieren dieses über Tankschiffe oder errichtete Pipelines in aride Regionen
- Abwasseraufbereitung: In Ländern des Nahen Ostens noch kaum durchgeführt, erfordert den Bau von z.B. Kläranlagen

Prinzipiell sind alle aufgeführten Methoden durchführbar und praktikabel, jedoch scheitern viele Projekte aufgrund des hohen technischen und finanziellen Aufwands. Benötigt werden

---

[41] MISEREOR, Die globale Wasserkrise, 2007
[42] Thobaben, Der Wasserkonflikt im Jordanbecken, 2007

insbesondere Versorgungssysteme die nachhaltig arbeiten und auf lokalem Wissen und Ressourcen basieren. Nur diese lassen sich großräumig anlegen ohne von internationaler Hilfe abhängig zu sein.[43] Hierzu zählt z.B. der Punkt „Regenwassernutzung".

2.4.3 Stand der Planungen

Seit den letzten Jahren unterstützen die Länder der EU mehrere Projekte in Nordafrika und im Nahen Osten, um vor Ort einen Beitrag zur Situationsverbesserung beim Zugang der Menschen zu sauberem Trinkwasser und bei der sanitären Entsorgung zu leisten.[44]

In Form einer EU-Wasserrahmenrichtlinie im Jahr 2000 wurde das IWRM (integriertes Wasserressourcenmanagement) in mehreren Ländern der EU eingeführt. Mit diesem Programm soll eine nach Menge und Güte nachhaltige Bewirtschaftung der Gewässer gewährleitet werden. *„IWRM ist als ein Prozess mit dem Ziel der Maximierung des sozialen und wirtschaftlichen Wohlergehens ohne Beeinträchtigung der lebenswichtigen Ökosysteme und unter gerechten Bedingungen bei der Ressourcennutzung zu sehen"[45]*

Da die Europäische Union die Problematik der hydrologischen Ressourcen im Nahen Osten erkannt hat, unterstützen europäische Staaten und Projekte das IWRM vor Ort mit finanzieller und technischer Hilfe. Vor allem haben jedoch auch europäische Konzerne die Wirtschaftlichkeit mit Wasser im Nahen Osten erkannt und investieren verstärkt in diese Region.

In Material 4.6 kann man den Stand der Planungen des IWRM im Nahen Osten erkennen. Demnach nehmen die Regionen Jordanien, Palästina und Ägypten einen Spitzenplatz ein. Palästina hat durch das „Water Law 3/2002" die Wasserpreise neu definiert und mit dem „National Water Plan" die strukturelle Verteilung der hydrologischen Ressourcen in der Region verbessert. Dies gilt genauso für Jordaniens „National Water Master Plan". Damit gehören diese Staaten zu den Ländern die den Anforderungen an ein IWRM weitestgehend entsprechen. Da die Anforderungen dieses Programms jedoch hoch sind, gelingt es Staaten wie Syrien oder der Sudan nur Teilen der Anforderungen des IWRM zu entsprechen. In Zukunft werden jedoch weitere Projekte der EU vor Ort initiiert um die Lage der Wasserversorgung zu verbessern. So sagt auch der Europa Abgeordnete Jo Leinen:

---

[43] MISEREOR, Die globale Wasserkrise, 2007

[44] http://www.bmbf.wasserressourcen-management.de/de/99.php (06.02.11)

[45] Integriertes Wasserressourcen-Management: Von der Forschung zur Umsetzung (Hrsg.), Bundesministerium für Bildung und Forschung 2009

„Deutschland und Europa müssen sich viel stärker für die Bereitstellung von sauberen Wasser einsetzen. "[46]

2.5 Politische Maßnahmen gegen die Wasserkrise

Über die letzten Jahrzehnte haben die westlichen Staaten die Problematik des Wassers begriffen, die im Nahen Osten vorherrscht. Seit dem wurden viele politische Aktionen durchgeführt deren Effizienz zweifelhaft ist.

Im Jahr 2000 setzte sich die UN in einer sogenannten Millenniumserklärung das Ziel, bis 2015 den Anteil der Menschen ohne Zugang zu sauberem Wasser zu halbieren.[44] 2002 wurde auf dem Gipfel für Nachhaltige Entwicklung in Johannesburg dieses Projekt durch das Ziel ergänzt, den Anteil der Menschen um eine Hälfte zu reduzieren, die über keine adäquaten sanitären Einrichtungen verfügen.[47]

Wie man erkennt, wurden dieselben Ziele gesetzt wie in der ersten Wasserkonferenz in Mar del Plata im Jahr 1977 (siehe Einleitung), welche auf klägliche Weise scheiterten. Schlägt die, oben genannte, Millenniumserklärung und Ihre Ergänzung ebenfalls fehl, so wäre dies ein starker Rückschlag für die Glaubwürdigkeit der Staaten sowie für die Bekämpfung der Not und der Armut. Um die Umsetzung dieser Ziele zu fördern, wurde das Jahr 2003 zum internationalen Jahr des Süßwassers erklärt. Es folgt von 2005 bis 2015 die Aktionsdekade „Wasser für das Leben". Seit 2003 wird zusätzlich am 23.03. jedes Jahr der Weltwassertag abgehalten. Diese Aktionen sollen vor allem die Aufmerksamkeit auf eine nachhaltige Benutzung des Wassers lenken und darüber aufklären.[48]

Ein Meilenstein für die Linderung der Wasserkrise gelang jedoch 2010 mit der Aufnahme von Wasser in den Menschenrechtskatalog. Hierdurch bekommt die Wasserfrage ein stärkeres Gewicht und eine größere politische Bedeutung.[49] 1996 wurde zusätzlich ein Weltwasserrat gegründet, dessen Funktion es ist: *„[...] die effiziente Erhaltung, den Schutz, die Entwicklung, Planung, das Management und den Gebrauch von Wasser in all seinen Ausmaßen auf einer umweltverträglichen Basis zum Nutzen allen Lebens auf der Erde fördern. ".*[50]

---

[46] Saarbrücker Zeitung, Nachrichten, 07.02.11
[47] MISEREOR, Die globale Wasserkrise, 2007
[48] http://www.bmu.de/gewaesserschutz/doc/3077.php (06.02.11)
[49] http://www.tagesspiegel.de/politik/wasser-ein-menschenrecht/1893090.html (11.01.11)
[50] http://www.worldwatercouncil.org/ (11.01.11)

3. Fazit

„Den Nutzen einer Quelle erkennt man erst wenn diese austrocknet"[51]

Dieses Zitat trifft genau den Punkt auf den im Moment viele israelische Bauern zusteuern. Zwar ist Israel der Vorreiter von wassersparenden Methoden im Nahen Osten, gleichzeitig ist es jedoch der Hauptverbraucher von Wasser der Großregion, welches nach vielen Meinungen überhaupt nicht diesem Staat gehört. Mit diesem Wasserdiebstahl beraubt Israel eine Lebens Grundlage der Nachbarländer Jordanien, Syrien und Libanon. Dieses „Verbrechen" zeigt, das Wasser in einer extrem ariden Region ein hohes Konfliktpotential mit sich bringt. Dieses ist nicht die einzige Rolle die dieses knappe Gut verkörpert.

Die zweite Rolle des Wassers ist die des Druckmittels in der Siedlungspolitik Israels. Israel nutzt seine Herrschaft über die Wasserressourcen, um die Palästinenser gezielt aus Ihrem eigenen Land zu vertreiben. Mit Hilfe von Wasserentzug unterdrückt Israel die Palästinenser, herrscht damit über ein fremdes Volk und vertreibt dieses, ohne internationale Konflikte auszulösen. Die Wasserkrise ist somit ein Katalysator von Konflikten, jedoch kein Auslöser. Denn wenn außer der Wasserfrage keine weiteren ungeklärten und gewaltträchtigen Konfliktgegenstände die Beziehungen zwischen zwei Seiten belasten, dann wird dieser Streitpunkt keinen Krieg auslösen.

Nach meiner Ansicht wird sich die Wasserknappheit im Nahen Osten verschlimmern. Dadurch das Israel von Nahrungsmittelimporten unabhängig sein will, wird der Wasserverbrauch ins Unermessliche steigen. Erst wenn Die Quellen werden ausgetrocknet und übernutzt sein werden, wird Israel kooperativ werden und internationale Lösungen anstreben. Dabei kann dann Wasser die Rolle der Friedenstaube spielen, denn die Not zu überleben vereint selbst die ärgsten Gegner. Dadurch stellt die Wasserkrise eine völlig neue Basis für Kommunikation und Kooperation zwischen Staaten und Völkern dar. Somit glaube ich nicht, dass ein gewaltsamer Krieg um die letzten verbleibenden Ressourcen ausbrechen wird, er hätte keinen Nutzen. Damit schließe ich meine Facharbeit mit den Worten:

„[…] damit bin ich mir sicher, aus Konfliktpotential kann Kooperationspotential werden. "[50]

---

[51] Staatssekretär Hans-Jürgen Beerfeltz , Menschenrecht Wasser – Wasser als Konfliktstoff im Nahen und Mittleren Osten, 17.04.10

4. ANHANG

4.1 Materialien

Mat. 4.1 : Versorgungsgrad und verfügbare Wassermenge

Table S1: Summary of requirement for water service level to promote health

Service level	Access measure	Needs met	Level of health concern
No access (quantity collected often below 5 l/c/d)	More than 1000m or 30 minutes total collection time	Consumption – cannot be assured. Hygiene – not possible (unless practised at source)	Very high
Basic access (average quantity unlikely to exceed 20 l/c/d)	Between 100 and 1000m or 5 to 30 minutes total collection time	Consumption – should be assured. Hygiene – handwashing and basic food hygiene possible; laundry/ bathing difficult to assure unless carried out at source	High
Intermediate access (average quantity about 50 l/c/d)	Water delivered through one tap on-plot (or within 100m or 5 minutes total collection time	Consumption – assured. Hygiene – all basic personal and food hygiene assured; laundry and bathing should also be assured	Low
Optimal access (average quantity 100 l/c/d and above)	Water supplied through multiple taps continuously	Consumption – all needs met. Hygiene – all needs should be met	Very low

Entnommen aus: WHO Domestic Water Quantity Service Level and Health 2003

Mat. 4.2: Entstehung eines Konfliktpotentials aufgrund Wassermangels

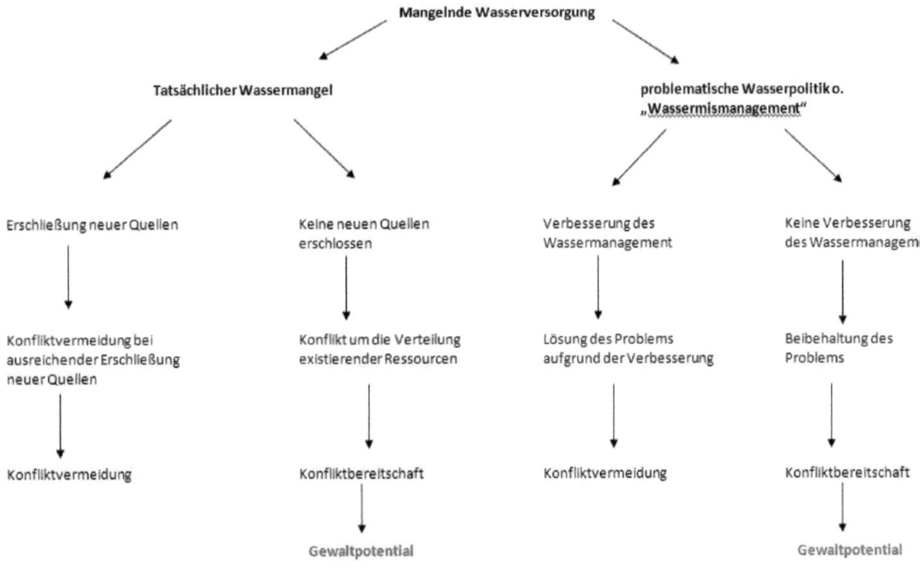

Eigene Darstellung nach Chadi Bahout, Der Konflikt um Wasser in Israel und Palästina
Mat. 4.3 : Internationale Konflikte um gemeinsame Wasserressourcen

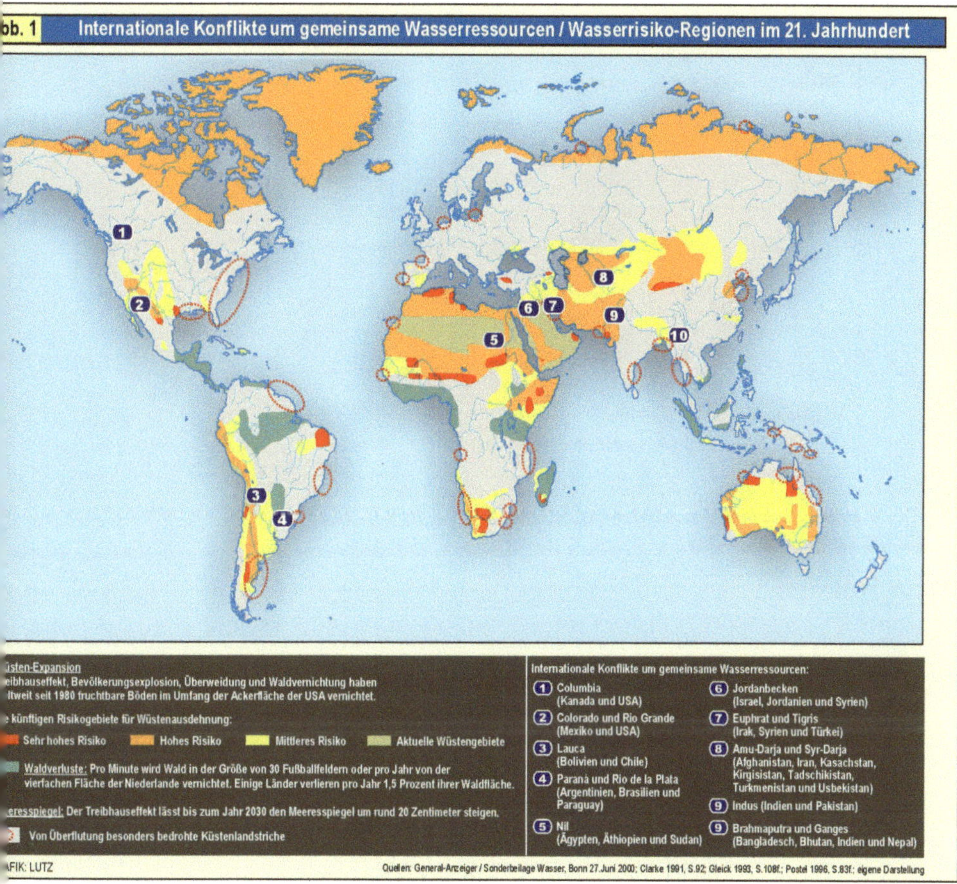

Quelle: General Anzeiger: Sonderbeilage Wasser, Bonn 27. Juni 2000

Mat. 4.4 : Verteilung des Wassers nach dem „Johnston Plan"

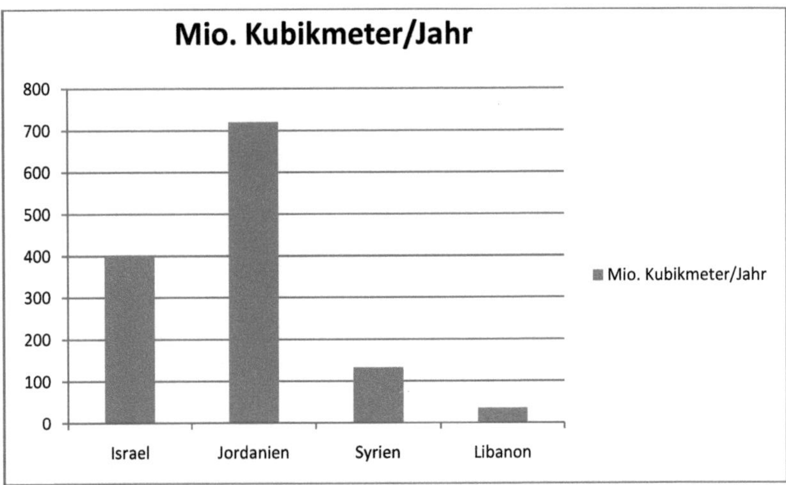

Eigenes Diagramm nach Daten aus Peter Barth, Krieg um Wasser?. Wasserkonflikte im Nahen und Mittleren Osten

Mat. 4.5: Water Conflict Chronology List

from the Pacific Institute for Studies in Development, Environment, and Security database on Water and Conflict (Water Brief)   11/10/08

Date	Parties Involved	Basis of Conflict	Violent Conflict or In the Context of Violence?	Description	Sources
					1964.
64	Israel, Syria	Military target	Yes	Headwaters of the Dan River on the Jordan River are bombed at Tell El-Qadi in a dispute about sovereignty over the source of the Dan.	Naff and Matson 1984
65	Zambia, Rhodesia, Grea Britain	Military target	No	President Kenneth Kaunda calls on British government to send troops to Kariba Dam to protect it from possible saboteurs from Rhodesian government.	Chenje 2001
65	Israel, Palestinians	Terrorism	Yes	First attack ever by the Palestinian National Liberation Movement Al-Fatah is on the diversion pumps for the Israeli National Water Carrier. Attack fails.	Naff and Matson 1984, Dolatyar 1995
65-1966	Israel, Syria	Military tool, Development dispute	Yes	Fire is exchanged over "all-Arab" plan to divert the Jordan River headwaters (Hasbani and Banias) and presumably preempt Israeli National Water Carrier; Syria halts construction of its diversion in July 1966.	Wolf 1995, 1997
66-1972	Vietnam, US	Military tool	Yes	U.S. tries cloud-seeding in Indochina to stop flow of materiel along Ho Chi Minh trail.	Plant 1995
67	Israel, Syria	Military target and tool	Yes	Israel destroys the Arab diversion works on the Jordan River headwaters. During Arab-Israeli War Israel occupies Golan Heights, with Banias tributary to the Jordan; Israel occupies West Bank.	Gleick 1993, Wolf 1995, 1997, Wallenstein & Swain 1997
69	Israel, Jordan	Military target and tool	Yes	Israel, suspicious that Jordan is overdiverting the Yarmouk, leads two raids to destroy the newly-built East Ghor Canal; secret negotiations, mediated by the US, lead to an agreement in 1970.	Samson & Charrier 1997
	Israel, Palestine	Terrorism, Military target	Yes	Palestinians destroy water supply pipelines to West Bank settlement of Yitzhar and to Kibbutz Kisufim. Agbat Jabar refugee camp near Jericho disconnected from its water supply after Palestinians looted and damaged local water pumps. Palestinians accuse Israel of destroying a water cistern.	Israel Line 2001a,b; ENS 2001a.

Auszug aus: Water Conflict Chronology List, Dr. Peter H. Gleick,
http://www.worldwater.org/conflict/list/ (30.01.11)

Mat. 4.6: Stand der Planungen zu einem integrierten Wasserressourcenmanagement (IWRM) in Ländern des Nahen Ostens und Nordafrikas

Land	Plan/Strategie/Dokument bezüglich IWRM	1*	2*	3*	4*
Algerien				X	
Bahrain	National Strategy for Environmental Protection of Water Sector 2003		X		
Komoren					X
Djibouti	Strategy for Reducing Water Poverty; Water Law; Water Action Plan for City of Djibouti				
Ägypten	Integrated Water Resources Management Plan 2005; National Water Resources Plan 2004; Main Features for the Water Policy towards Year 2017, 2000	X			
Irak				X	
Jordanien	Water Strategy & Water Policies in Jordan; The National Water Master Plan 2003	X			
Kuwait				X	
Libanon	Work Plan for Ministry of Hydraulic and Electric Resources Years 2000 – 2009, 1999		X		
Libyen	National Strategy for Water Resources Management 2000 – 2025, 1999		X		
Mauretanien					X
Marokko	Water Law 1995	X			
Oman				X	
Palästina	National Water Plan 2000; Water Law 3/2002; IWRM Plan 2003; Water Tariff System	X			
Katar				X	
Saudi-Arabien	Phase I: Water Sector Strategy and Action Plan 2004		X		
Somalia					X
Sudan	Sudan National Water Policy		X		
Syrien	Water Sector Analysis in Syria 2000		X		
Tunesien	The Long Term Strategy for the Water Sector in Tunesia 2003	X			
Vereinigte Arabische Emirate			X		
Jemen	Country Water Resources Assistance Strategy (CWRAS) 2005; National Water Strategy & Investment Program 2004; Law 23 for Year 2002 Regarding Water 2002	X			

Erläuterungen:1 = Länder, die in ihrer Wasserplanung den Anforderungen an ein IWRM weitgehend entsprechen; 2* = Länder, die in ihrer Wasserplanung den Anforderungen an ein IWRM zumindest in Teilen entsprechen, sich aber konkret auf dem Weg zu einem umfassenden IWRM befinden; 3* = Länder ohne eine ganzheitliche Wasserplanung, die gleichwohl Elemente eines IWRM berücksichtigen und auf die Entwicklung eines IWRM hoffen lassen; 4* = Länder ohne Wasserplanung mit geringer Wahrscheinlichkeit der Entwicklung eines IWRM.*

Entnommen aus: Meike Janosch, Wasser im Nahen Osten und Nordafrika: Wege aus der Krise, 2008

4.2 Literaturverzeichnis

- MISEREOR, Die globale Wasserkrise, 2007

- Weltwasserentwicklungsbericht 2003, UNESCO

- BMZ Informationsbroschüre, Juli 2007

- Amnesty International, Troubled Waters, 2009

- Peter Barth, Krieg um Wasser?. Wasserkonflikte im Nahen und Mittleren Osten, 1994

- Klaus Polkehn, Krieg um Wasser?, 1992

- Chadi Bahout, Der Konflikt um Wasser in Israel und Palästina, 2010

- Henning Thobaben, Der Wasserkonflikt im Jordanbecken, 2007

- Meike Janosch, Wasser im Nahen Osten und Nordafrika: Wege aus der Krise, 2008

- Dr. Diana Hummel, Wasser – Menschenrecht, Handelsware, Konfliktstoff, 2004

- Atlas of International Freshwater Agreements, Meredith A. Giordano, Aaron T. Wolf, 2002

- United Nations Development Programme (Hrsg.), Water for a Sustainable Development (ohne Jahresangabe)

- Stern Magazin, 27.01.11 „Bei Tisch herrscht Frieden"

- Ein Wasserregime im Nahen Osten: Rechtliche und politische Grundlagen und Perspektiven der internationalen Wasserverteilung im Jordanbecken, Susanne Giannios, 2004

- Integriertes Wasserressourcen-Management: Von der Forschung zur Umsetzung (Hrsg.), Bundesministerium für Bildung und Forschung 2009

4.3 Quellenverzeichnis

- http://de.statista.com/statistik/daten/studie/152393/umfrage/menschen-ohne-zugang-zu-sauberem-trinkwasser-2008/ (06.02.11)

- Arte, Blut für Wasser, Dokumentation, 2008

- http://de.wikipedia.org/wiki/Sechstagekrieg , 26.01.11

- http://de.wikipedia.org/wiki/Sechstagekrieg , 26.01.11

- http://www.artikel32.com/geographie/1/das-wasserversorgungsnetzwerk-in-israel.php (02.02.11)

- http://de.wikipedia.org/wiki/Palästina_(Region) (30.01.11)

- http://www.bmbf.wasserressourcen-management.de/de/99.php (06.02.11)

- Staatssekretär Hans-Jürgen Beerfeltz , Menschenrecht Wasser – Wasser als Konfliktstoff im Nahen und Mittleren Osten, 17.04.10

- http://www.bmu.de/gewaesserschutz/doc/3077.php (06.02.11)

- http://www.tagesspiegel.de/politik/wasser-ein-menschenrecht/1893090.html (11.01.11)

- http://www.worldwatercouncil.org/ (11.01.11)

- Irena Salina, Flow – Wasser ist Leben, Dokumentation, 2008

- Saarbrücker Zeitung, Nachrichten, 07.02.11

- Deckblatt Bild: http://www.ufz.de/data/wasser10317.jpg (03.01.11)